BRINGING BACK OUR OCEANS

走进海洋

[美]卡萝尔·汉德（CAROL HAND） 著

郭美婷 译

上海科技教育出版社

图书在版编目（CIP）数据

走进海洋 /（美）卡萝尔·汉德（Carol Hand）著；郭美婷译. —上海：上海科技教育出版社，2020.4

（修复我们的地球）

书名原文：Bringing Back Our Oceans

ISBN 978-7-5428-7171-8

Ⅰ. ①走… Ⅱ. ①卡… ②郭… Ⅲ. ①海洋环境-环境保护-青少年读物 Ⅳ. ① X55-49

中国版本图书馆 CIP 数据核字（2020）第 012051 号

目　录

第一章
海龟：早期警告　　　　　　5

第二章
海洋保护　　　　　　　　　19

第三章
拯救海洋渔业　　　　　　　31

第四章
副渔获物与生物多样性　　　43

第五章
拯救群礁和河口区　　　　　53

第六章
海洋污染　　　　　　　　　65

第七章
海洋与气候变化　　　　　　75

第八章
未尽工作　　　　　　　　　87

因果关系　　　　　　　　　96

基本事实　　　　　　　　　98

专业术语　　　　　　　　　100

绿海龟在 80 多个国家筑巢。

第一章

海龟：早期警告

每年5月到10月去佛罗里达州南部海岸旅行的游客也许会交到好运。夜晚，他们可能会看到巨大又笨拙的绿海龟缓慢地爬出海面来到沙滩上。这些绿海龟非常醒目，龟壳平均有1.5米长。幼龟的壳是黑色的，随着它们逐渐长大，龟壳颜色会持续变化，最终变为灰色、绿色、棕色或黑色，并长成星形或不规则的形状。每2到4年，海龟会在靠近海岸的地方交配。然后，雌海龟会游回海滩，在高潮线以上建造很深的用于产蛋的巢洞，它们平均一次产蛋136个。在一个交配季，它们大概会重复这个过程2或3次，每12到14天产一次蛋。

科学家们自20世纪80年代开始监测南佛罗里达阿奇卡尔国家野生动物保护区长达21千米的海滩。起初，他们每年只能监测到不到50

个绿海龟巢洞。2015年,这个记录达到12026个。中佛罗里达大学的助理教授曼斯菲尔德(Kate Mansfield)说:"绿海龟巢洞数量的增加非常显著,这说明保护工作取得了相当大的成功。"但是,为什么20世纪80年代海龟数量这么少呢?又是什么促成了佛罗里达州绿海龟数量的明显增加呢?

志愿者用暗红色的灯在夜间观察绿海龟。与白光相比,这种颜色的灯光不会干扰海龟掘巢。

点亮渔网

在墨西哥的下加利福尼亚州，马格达莱纳湾，刺网捕鱼威胁着赤蠵龟。夏威夷大学的王（John Wang）建议在渔网上装上一种特制灯泡。这些灯泡一接触水就会点亮，以此提醒海龟小心渔网。灯泡离开水后，就会熄灭。使用这样的灯泡使得夜间被渔网捕获的海龟数量下降了40%。一些渔民表示，使用这种灯泡增加了捕鱼量。

保护绿海龟

1978年，绿海龟被美国《濒危物种法》归为濒危物种，这让绿海龟受到了特殊的保护。有两个机构监管它的保护工作。一个是美国鱼类和野生动物管理局，它负责绿海龟在沙滩上掘巢时的保护工作；另一个是美国国家海洋大气局，它负责绿海龟在海洋中的保护工作，具体保护区域包括绿海龟的海岸进食场所（比如海草床）以及开放大洋——绿海龟常常在开放大洋遭到捕获。

绿海龟是7种海龟中最大的一种。由于人类活动，它在全球的数量急剧减少。人们在海边等待雌海龟上岸下蛋，待下蛋结束后杀死雌海龟，搜刮巢洞，以获得龟肉和龟蛋。海岸的发展建设破坏了海滩；海滩上的交通阻碍了雌龟上岸筑窝，人工灯光干扰了雌龟寻找产蛋地点的方向。海龟们赖以生存的海草聚食场也由于污染或被松散土壤覆盖以及植被破坏等而受到威胁。在开放大洋中，渔民误杀了许多海龟。它们常常被拖网或者刺网捕获，有时也会被多钩长线挂住。遇到这些情况，大多数海龟都会被溺死。以上种种不仅威胁着绿海龟，也威胁着其他种类的海龟。

美国鱼类与野生动物管理局的项目旨在减少人类发展及人工灯光对海龟筑巢区域的影响。他们建立了多个类似于阿奇卡尔的保护区,以保证海龟筑巢不受打扰。美国国家海洋大气局要求所有的捕虾者使用"海龟驱赶"的捕虾新技术。这种新技术可以帮助海龟逃离捕网,从而减少被捕捞海龟的数量。并不只有美国政府在保护绿海龟,绿海龟是世界保护最完善的几种动物之一,其他国家也通过相关法律保护它们。世界自然保护联盟将绿海龟列为濒危物种,《濒危野生动植物种国际贸易公约》中严令禁止买卖龟肉及龟壳。

很多大学及研究机构——包括莫特海洋实验室和美国国家海洋生命中心——参与研究和保护海龟。还有一些私立机构如海龟保护和海洋保育组织也参与到海龟保护工作中。与此同时,海龟已引起公众的关注,大众也想保护它们。人们看到海龟被困在捕网中的照片,在海滩上也可能会遇到海龟下蛋。一些机构通过组织志愿者

世界自然保护联盟的海龟分类

世界自然保护联盟根据物种受威胁的程度建立了濒危物种红色名录。极度濒危的物种是最可能在野生环境下灭绝的物种。濒危种面临着极大的灭绝风险。渐危种相比濒危种来说受到的威胁较少。联盟将7种海龟按以下划分:

棱皮龟:渐危种

绿海龟:濒危种

赤蠵龟:濒危种

玳瑁(图中所示):极度濒危种

太平洋丽龟:渐危种

肯普氏丽龟:极度濒危种

平背龟:信息不足

巡逻海滩，用卫星为海龟定位等方法保护和研究海龟。绿海龟在很多地区仍然处于危险之中，但在阿奇卡尔及其他一些已经采取行动的保护区已取得很大成功。

美国东南海岸上孵化的海龟大概仅有千分之一到万分之一的概率能长至成年龟。

海龟的生活及威胁

幼海龟从蛋中孵化出来，非常小而笨拙。它们从被沙子覆盖着的巢洞中爬出，争相爬向大海。如果它们足够幸运的话，可以在到达大海之前不被海鸟或者浣熊等捕食者吃掉，但是到了海里，很多其他捕食者在等着它们。有幸存活的海龟需要游很长的距离，才能从孵化海岸到达聚食区域。曾经有一只带有定位标记的棱皮龟跨越了 19 300 千米从印度尼西亚游到美国的俄勒冈州。海龟在海里生活

孵化期温度可以决定海龟的性别，较高的温度会孵化出较多的雌海龟。

保护幼龟

2014年的加勒比海乌蒂拉岛上，150名来自海龟保护组织的志愿者在海滩上巡逻。他们将偷猎者赶走，制止偷猎者们偷取龟蛋或杀死雌海龟。在海岛警方的帮助下，志愿者藏起了海龟巢洞，覆盖了海龟爬行的痕迹。在他们的努力下，所有的雌海龟都安全返回大海，大约有3600只小玳瑁成功爬到海里。玳瑁仍然是极度濒危物种，但是志愿者也许可以帮它们存活。

很多年，有的长达70—80年。但是，到了交配季，每一只雌海龟都会返回当初自己被孵化的海滩去产卵，这一旅途通常需要5—35年。

海龟的生活面临很多危险。在海滩上，海龟被捕食以及巢洞被破坏等现象还非常普遍。此外还有关于龟壳的非法交易，漂亮的玳瑁壳深得珠宝制作商的喜爱。海岸的发展，比如防波堤的建造，改变或破坏了海龟的筑巢环境。

海龟在海里的生活也有很多危险。海龟必须浮出水面呼吸，并且它们不能将头和四肢收回壳中，这使得它们常常被船只和捕鱼装置伤害。每年，成百上千的海龟死于渔网。海洋中的塑料也非常可怕。当棱皮龟看到漂浮的塑料袋时，它们会误以为这是最常吃的水母。很多海龟因为吞食塑料袋而窒息，或者由于胃被塑料填满而饿死。所有的海龟都可能被海洋垃圾缠绕。像其他海洋生物一样，海龟对于海洋污染及气候变化等全球性问题也很敏感。

保护海龟的项目各有不同，有的关注不同种类的污染危害，有的关注海龟不同的生命阶段。"十亿幼龟"项目从个人、学校、商业机构及海龟观光旅游中筹得资金，帮助保护拉丁美洲的幼龟。项目筹集资金付给当地居民，让他们在海滩上巡逻，以保护雌海龟和它们的蛋。其他项目，如世界自然基金会和当地的社区一起推行一些新技术，如海龟友好型挂钩、电子遥感和卫星跟踪器等。

海龟之旅

从 2008 年开始，海龟保护组织发起了一项名为"海龟之旅：海龟迁徙马拉松"的活动。活动包括了 4 个种类的海龟，它们全程由卫星定位监测，并在网上展示迁徙路线及距离，迁徙距离最远的海龟获胜。2016 年，有 14 只海龟参加比赛。冠军是一只雌海龟，游了 5576 千米。海龟之旅活动增加了公众对海龟的关注，也增强了对它们所面临的危险的认识。每只海龟有一个特别的威胁原因，比如石油泄漏，公众可以通过在线捐赠支持喜欢的海龟。

为什么海龟很重要

每一种海龟在维持海洋生态系统平衡中都扮演着自己非常重要的角色。作为唯一植食性海龟的绿海龟，维持着海草床及附近珊瑚礁的正常生长。就像修剪草坪一样，绿海龟的捕食保持着海草床的健康；它们的排泄物成为海草床的肥料。海草床支持着鱼类及无脊椎动物，成为它们宝宝的营养来源。由此，绿海龟间接地维持了很多海洋生物的存活。玳瑁以海绵为食，从而为珊瑚生长提供空间，进而增加

从出生地到聚食地,棱皮龟需要迁徙的距离比其他海龟都要远。

了珊瑚礁的生态多样性。棱皮龟吃水母，控制水母的数量。当棱皮龟数量下降时，水母数量就会增加。若是水母的竞争优势超过鱼类，将会扰乱海洋食物网。

也许更重要的是，发生在海龟身上的事也同样发生在整个海洋。某些问题只会威胁海龟，而大多数人类活动不仅威胁海龟，也同样威胁其他海洋生物。海龟一生中会在不同的海洋区域生活或路过，既有开放大洋也有近岸海域。这个小群体提醒我们保护整个海洋的必要性。海龟存活依赖于整个海洋生态系统的健康和完整，以及人类的友好。保护海龟可以帮助保护海洋——反之亦然。

我们可以和海龟分享海滩和海洋，但这需要我们的承诺和努力。我们要保证我们的后代仍然有机会认识这些特别的动物。

——范米特（Victoria B. Van Meter），佛罗里达州海龟保护组织

延伸阅读

不只是个生态系统

海洋占了地球上可供动植物生存空间的99%。表层海水的温度从两极到赤道变化非常大。地球上的气候可分成三个典型区域：热带、温带和极地。热带地区离赤道最近，温度最高，降水也最多。处于中纬度的温带地区气温较适中，全年都有降水。两极地区纬度最高，温度通常低于零度，降水也较少。大块冰块及冰层漂浮于两极海域。

根据海水深度及与陆地的距离，海洋分为四个区域。潮间带是海洋与陆地接触的区域，随着潮汐的涨落有时淹没在海水中，有时暴露在空气中。远洋海区的生物一般浮游或游泳生活。深海区域是海洋底部，动物主要依赖上层海域动植物碎屑掉落和微生物。深海区还可能过渡到深渊海区。

随着海洋深度的变化，光照、温度和压力也在变化。太阳光只能穿透表层约200米水深。蓝光穿透得最远，因此海水呈现蓝色。在透光层之下，海水是像墨水一样的深黑色。

海水温度也会随着海洋深度加深而降低。热带地区表层海水温度较高，温带地区温度适中，两极地区温度较低。在两极海区，全深度的温度都很低。有一个叫温跃层的深度，这个深度上下海水的温度变化非常大。在温跃层之下，水温保持在1—3℃，但海水并未结冰，这是由于海水含盐，使其凝固点降低到-1.9℃。

捡起沙滩上的塑料垃圾,以免其进入海洋,危害海洋生物。

第二章

海洋保护

海洋保护是指保护海洋生物及生态系统。海洋保护包括设置海洋生物保护区使其免受人类干扰，或者不再干扰以前受影响的区域，使生物及生态系统得以恢复，这称为修复，或者自然自愈方法。海洋保护还包括人类主动修复已被破坏的生态系统，这是生态修复过程。海洋保护还包括减缓或者停止人类活动对海洋生态系统的进一步破坏。海洋保护生态学就是利用生态学的知识保护海洋。

有时，海洋保护聚焦在拯救某些特定物种，比如海龟、鲸、海豹或者北极熊，因为这些动物常常能得到人们的关注和同情。相比保护北极生态，保护海豹宝宝更容易筹到捐款。但是，如果没有健康的生态系统，很多物种都无法生存。所以，尽管海豹宝宝听起来比生态系统有趣多了，但保护整个生态系统仍是至关重要的。

什么威胁着海洋?

当然,人们在认识到对海洋的危害之后才会停止危害海洋,要在造成不可修复的破坏之前修复动植物的栖息地。海洋面临很多威胁。过去,我们总认为人类可以不受限制地攫取海洋资源,将垃圾和污染物倒入海洋而不用承担任何后果。现在,我们看到了这些行为的恶果,逐渐认识到海洋比我们想象的要脆弱。人类滥用海洋资源,造成了海洋生态的恶化。

对海洋最大的威胁之一就是不可持续的捕捞。一些鱼类及贝类被蓄意捕捞,其他一些海洋生物在捕捞过程中被顺带着捞到而死去。这导致很多海洋生物物种减少。尽管海洋覆盖了

海洋面临的一大威胁就是过度捕捞。过量的鱼被捕获,而留在海洋中的鱼无法维持该物种的延续。

地球表面的大部分面积，但是仅有 3.4% 的海洋表面在海洋公园或海洋保护区内。

大部分对海洋的威胁始于海岸。有些是由于沿岸地区的发展，其他则是因为污染的泄入，比如污水、农肥、杀虫剂、有毒化学物质、石油和塑料。离岸的石油和天然气开采钻井及石油溢出过程影响了海洋生物。海边炼油厂将其污染直接排入近岸水域。受此影响，海边的珊瑚及海草床最早被破坏，公共海域也会受到影响。船锚会导致深海被破坏，船在码头则会导致码头污染，航行中油料和垃圾被扔入海中。

成为海洋保护者

摩根（Lance Morgan）是海洋保护研究所的主席，他建议想成为海洋保护者的人最好获得生物、计算机或图像处理技术等方面的本科学历。他本人则有海洋科学的硕士和生态学的博士学位。他认为第一手的经验对于保护海洋非常重要。这包括作为志愿者参加短期实习或者做现场及实验室研究的助手。在摩根博士的职业生涯中，他研究过逆戟鲸和深海珊瑚。他曾经在加州海洋哺乳动物中心及美国国家海洋大气局的国家海洋渔业服务部门就职。他也在佛罗里达州基拉戈的海底水族栖息地工作过。

为什么要关心海洋？

那些住在内陆地区的人们也许会想，为什么我们要关心海洋？海洋对大气及陆地上的水循环都有影响。微小的海洋浮游植物提供了一半以上我们呼吸所需的氧气。水循环保证水在地球上的迁移。海面上的水蒸发后，被风吹到陆地上空，变成雨或雪降下来。海洋就是地球的生命支撑系统。

海洋还有助于保持地球温度。它吸收了人类活动产生的大部分二氧化碳。一些二氧化碳被浮游植物吸收用于光合作用，一些溶解于水中。地球的空气温度正在上升，若没有海洋吸收二氧化碳，气温会升高得更多。海洋吸收二氧化碳，并通过洋流调控地球的热量，影响气候和温度，减少了气候变化对地球的影响。

此外，海洋渔业提供了人类消耗的蛋白质总量的六分之一。海洋生物是新药的重要来源。海洋船运输送着人类生产的绝大部分物品。海洋对人类生命、健康、生态、天气及气候都非常关键。

为什么海洋很重要？

伍兹霍尔海洋研究所收集了一些数据展示海洋对地球生命的重要性：

- 海洋通过浮游植物的光合作用提供了地球50%的氧气；
- 海洋吸收了全球变暖产生的90%的热量；
- 海洋船运输送了90%的国际贸易；
- 人类仅开发了5%的海洋。

致力于保护海洋

美国的海洋保护机构监督他们主要的海洋资源。美国国务院的海洋保护办公室制订和执行与海洋资源有关的国际事务政策，包括渔业和水产养殖。美国国家海洋大气局负责保护海洋哺乳动物和濒危海洋生物。它负责保障美国两个法律的执行：《濒危物种保护法》和《海洋哺乳

美国国家海洋大气局在开展海洋物种研究。图上为逆戟鲸。

我们可以保护海洋

任何成为垃圾或污染的东西最终都会进入海洋。不管在哪里生活,每个人的生活方式都会影响海洋。个人可以通过减少垃圾产生而减少污染,减少化肥的使用而减少引起赤潮的氮磷营养盐进入海洋。我们可以买有机的食物,避免使用杀虫剂或有害的清洗剂等,使用可回收的购物袋、杯子或容器,从而减少塑料污染。我们还可以参加海滩清理活动,减少垃圾进入海洋,保证可持续地捕捞海产品,同时避免使用海洋生物制作的纪念品(尤其是珊瑚)。

动物保护法》。美国国家海洋大气局保护包括鲸、珊瑚、海龟和鲑鱼在内的动物,同时允许人们进行海洋捕捞、娱乐及其他经济活动。

一些海洋保护组织有较宽泛的目标,另一些聚焦在某一个特定的海洋生物或生态系统上,比如海龟或珊瑚保护。这些机构开展不同种类的活动,包括募集捐款、清理海滩、教育项目、生态修复和技术开发。有些海洋保护组织致力于建立更多的海洋保护区,他们期望到2020年能有20%的美国海域得到保护。他们认为,必须结束不可持续的捕捞,保护海洋生物多样性。有些保护组织的成员甚至进行线下抗议活动,例如未经允许登上石油钻井设施进行抗议,以阻止北极的石油开采。

保持乐观

2009年,耶鲁大学的两位研究人员琼斯(Holly Jones)和施米茨(Oswald

Schmitz）认为，近期关于生态的报道过于令人沮丧和绝望。这些报道声称人类对生态系统造成了不可修复或需要几代人才能修复的破坏。两位研究人员查阅了过去100年的有关生态系统的研究报告，想明确到底需要多久生态系统才可以恢复。他们发现了个好消息：只要污染源被隔离或已经进行了修复工作，大部分生态系统可在一代人或更短的时间内恢复，海洋比陆地恢复得要快。深海生态系统大约需要10年恢复。他们说："我们的研究指出，修复是可能的，而且绝大多数生态系统的恢复都可以很快。这给了我们希望，还来得及建立一个可持续发展的地球生态系统。"

> **主要的海洋保护组织**
>
> 海洋保护组织努力影响公共政策，阻止破坏海洋的违法行为。一些有影响力的组织有：美国环保基金会，大自然保护协会，世界自然基金会，海洋保护协会，近岸保护协会，海洋保育组织，海龟保护协会等。

人们需要希望。科普作家迪尔伯恩（Rachel Dearborn）向公众说明了海洋的现状。他说，面对现状，人们很容易感到绝望。除非科学家能给出成功的案例，否则公众会因觉得无望而放弃，而不是努力拯救海洋。史密森学会的诺尔顿（Nancy Knowlton）博士致力于分享成功保护海洋的故事。她指出，医学教授科普时并不仅仅关注医学问题，还谈论解决办法和成功。她认为，相较之下海洋科普的问题在于，海洋保护的成功很难定

> 无论你生活在哪里，海洋都会影响你的生活。
>
> ——伍兹霍尔海洋研究所

2017年，承载着研究人员的"耶尔森号"从摩纳哥起航。他们的主要任务是研究生物多样性及气候变化对海洋的影响。

义，很难证明，而且不可能保证长期不变。但是，在史密森学会的网页上，有一个新的版块叫"海洋乐观者"，这个版块鼓励人们分享海洋保护的成功案例。

> 我认为海洋保护生态学家就像海洋的医生。医生并不是专写讣告的。他们在医学杂志上发表进展和成功的报道。
>
> ——诺尔顿博士，史密森学会

海洋保护的成功可以很大，也可以很小。人们修复切萨皮克湾的牡蛎礁，在菲律宾用废弃的渔网编制地毯。这些活动由志愿者、非营利组织、政府以及政府间组织完成。单个活动取得的成功还不够，但是，所有这些或大或小的成功聚在一起，就有可能拯救整个海洋。

鱼类观察者在商业渔船上记录捕鱼信息，以保护鱼群数量。

第三章

拯救海洋渔业

乔治斯浅滩位于北美大陆架大浅滩西南端。海滩从加拿大的纽芬兰延伸到新英格兰南部。海滩,是一个大浅滩,或浅水区淹没的平原。2010年,乔治斯海滩黑线鳕的数量遇到井喷式增加。当年,大约5亿条黑线鳕被孵化,这是近30年最多的一次。黑线鳕需要数年才能成熟,因此,这次黑线鳕数量的大爆发可以供应渔业好多年。2013年,乔治斯浅滩允许被捕获的成年黑线鳕大约有183 600吨。这表明乔治斯浅滩鱼类保护工作取得巨大成功。要知道,20世纪90年代,当地的黑线鳕濒临灭绝。自21世纪早期,黑线鳕数量开始增加。据加拿大渔业与海洋部统计,2014年黑线鳕的数量达到了1970年以来的历史新高。

乔治斯浅滩捕捞扰动了海床,这使得一些海洋生物的生存倍加艰难。

黑线鳕恢复

乔治斯浅滩比马萨诸塞州的面积都大。很多非常重要的鱼或贝类在此繁衍,包括鳕鱼、比目鱼、鲱鱼、龙虾、扇贝和蛤蜊。很多物种被过度捕捞。1994年,黑线鳕的数量太少,官方不得不在1995—2004年间禁止捕捞黑线鳕,这是自1990年以来暂停捕捞的最长时间。

黑线鳕恢复工作异常引人注目,数量剧增的年份不断出现。鳕鱼的恢复就慢得多，因为鳕鱼的繁殖一直很慢很稳定。扇贝数量也在增加，这对生态系统来说是个好兆头，因为扇贝是不会移动的。与鱼类不同，扇贝不能从不良的环境中离开，因此，它们数量的增加表明了环境的改善。加拿大渔业与海洋部的高尔顿（Luke Gaulton）将这归功于有利的环境条件、较低的捕捞压力及对小鱼捕捞的减少。当小鱼的数量得到保证时，鱼群的数量就可以增加。在黑线鳕数量恢复的同时，科学家和政府部门在努力做渔民的工作。因为渔民的生计与捕捞的鱼量密切相关，通常他们更愿意关注当下捕捞到的鱼，而不是未来将能捕捞的鱼。专家希望渔民能有眼光更长远的捕鱼策略，保证渔业的可持续发展。

海洋渔业的衰退

在 1950—2003 年间，海洋大型鱼类的数量锐减 90%。这包括生活在开放大洋的鱼类，比如金枪鱼、剑鱼和旗鱼；还包括底栖鱼类，比如鳕鱼、大比目鱼及大浅滩等浅海区域发现的比目鱼。鱼类数量锐减的罪魁祸首是捕鱼技术的进步。渔船规模的增大、捕鱼工具的高度机械化以及海上鱼类加工厂等促进了渔业的迅猛发

停止海鲜诈骗

海鲜诈骗是指误导消费者以增加利润的非法行为。2015 年，美国开始开展海鲜溯源项目。它可以追踪海鲜从被捕捞开始，一直到它至消费者口中的全过程。联邦、州政府及地方政府收集港口资料，并将信息输入到用于溯源的中央数据库中。收集的信息包括：海鲜的原产地、捕捞人、捕捞时间以及捕捞使用的工具。美国国家海洋大气局希望可以借此限制非法捕捞，从而使捕捞限制更易于执行。

展。海洋生物学家厄尔（Sylvia Earle）认为还有两个原因导致鱼类数量减少：第一，人类消耗的海鲜数量增加，数据支持了她的判断，人类在2012年吃掉的海鲜是1950年的4倍；第二，政府花大量的资金补贴渔业，以维持渔民的就业和生存。但是，如果鱼类种群在捕捞后数量无法维持种群存活，渔民的生活终将无法保证。研究人员认为栖息地破坏、污染、气候变化和外来物种入侵等都是造成鱼类数量降低的帮凶，但是很难判断每个因素具体有怎样程度的影响。

> **曾经每100个鱼钩可以捕到10条鱼的多钩长线，现在幸运的话可以捕到1条。**
> ——迈尔斯，达尔豪西大学，2003年日本开放大洋渔业会议上

很多渔业科学家不承认鱼群数量锐减的事实。这可能是因为他们仅仅比较了近几年的数据。他们也许忘记了，或者根本就不知道过去鱼群的数量。大量的鱼类被捕捞，而渔业发展如此迅猛，2010年左右出生的鱼类甚至来不及长大就被捕捞。据渔业生物学家迈尔斯（Ransom Myers）说，目前的蓝旗鱼只有过去平均重量的五分之一。捕鱼压力很大，很多小鱼还没来得及繁殖就被捕捞了。

拯救海洋渔业行动

不管造成海洋鱼类数量减少的原因是什么，保护它们都是一项艰巨的任务。海洋保护通常都属于较大规模的政府和经济行为。一个例子

是1976年的《马纽松—史蒂文斯渔业保护和管理法案》。这个法案有两个主要目的：结束过度捕捞，重建鱼群数量。这都涉及制止渔民捕捞超过可繁殖的鱼类数量。这些法案为以下活动建立了指导方针：限制外国捕捞数量、商议鱼类保护及管理条约、开展保护计划、限制破坏渔业行为。

《马纽松—史蒂文斯渔业保护和管理法案》对很多鱼群都很有利。当乔治斯浅滩限制捕捞鳕鱼和比目鱼时，新英格兰海滩的扇贝也会受益。到2001年，这里的扇贝数量已完全恢复，并被归为世界上最有价值的野生扇贝捕捞区。中大西洋竹荚鱼数量在20世纪90年代骤然下降，一个9年的恢复计划非常成功，使得竹荚鱼的数量比计划提前一年，在2009年实现了完全恢复。太平洋花鲫鱼数量也急剧下降了，而一个10年的恢复计划比预期提前几年恢复了它的数量。

贝类的回归

纽约长岛的大南湾为美国提供了超过一半的贝类，直到过度捕捞摧毁了整个种群。2004年，自然保护组织承包了大南湾5400公顷的土地，与当地社区一起，恢复当地贝类种群。他们收购了原本计划市场出售的300万只贝类，并将它们放回到50多公顷的贝类繁殖区域中。到了2009年，2000公顷的土地上贝类的密度已经恢复。大约有3亿2000万的小贝类在保护区及相邻地区定居，这表明大南湾的贝类回归计划取得了巨大成功。

但是成功并不总是那么容易,并且难以持久。中大西洋牙鲆被过度捕捞,美国国家海洋大气局开展了恢复计划,但是该项目仅给大西洋牙鲆 18% 的避免被过度捕捞的机会。引进更多的限制性法规时,鱼类数量的恢复速率才增加。繁殖群体数量到 2010 年增加了 10 倍,但是在没有找到原因的情况下,大西洋牙鲆数量却在 2010 年及以后的 6 年中大幅度减少。由于鱼群数量的减少,美国国家海洋大气局建议 2016 年捕捞减少 30%,但遭到了渔民和政客反对。据一个海洋保护组织的作家报道,水产捕捞业关注减产的短期影响,部分是因为为了满足消费者的需求;而渔业管理者却关注长期的鱼群数量的健康,想要维持一个健康、可持续的渔业环境,长期的策略是非常重要的。

重建海洋渔业对环境和经济都是有益的。

——克罗克特(Lee Crockett),鲨鱼和鳐鱼全球合作组织主任

投资未来渔业

投资者也开始关注发展中国家的渔业恢复工作。智利的狗鳕渔业在 21 世纪初萎缩。鼓励资金计划帮助狗鳕鱼数量增加,这个恢复工作预计需要耗资 2000 万到 4000 万美元。2016 年,海洋可持续基金计划向伯利兹城、孟加拉国和马达加斯加地区的 10—15 个渔场提供 1 亿美元资金支持。一些基金会认为渔业值得投资。据两个大学及环境保护

基金会报道，全球大约 79% 的渔业在 10 年内可以恢复，每年可以带来大约 510 亿美元的收入，渔业管理上的改进可以进一步增加收入。制订关于增加智利狗鳕数量的计划，辅助以更多的鱼类销售，可以为 12 个社区 1800 位渔民增加大约 1 亿美元的收入。

尽管全球渔业正处于悲惨的境地，仍然有一些理由值得乐观。对海鲜需求的增加，意味着人们更愿意恢复和保持渔业。关于鱼群对海洋生态重要性的认识，更是提供了进一步的激励。未来，很多种类的鱼可以在大约 10 年内恢复数量，这些都有助于建立一个健康可持续的渔业环境。

对鱼翅汤说"不"

获取鱼翅是个非常残酷的行为，通常是在鲨鱼还活着的时候，将它们的鳍割下来，然后将鲨鱼扔回海里。没有鳍的鲨鱼不能游泳，就会沉到海底，被其他鱼类吃掉。每年，7300 万鲨鱼被捕获，一部分是为了它们的鱼鳍。鲨鱼保护基金的目标是保护鲨鱼，避免它们被做成鱼翅汤。3 年间，一个组织的保护行动就拯救了 8000 只鲨鱼。

大西洋牙鲆生活在海洋底层,它正把自己藏在地下等待猎物。

延伸阅读

海洋生物多样性

生物多样性是指一个特定地区生活的不同种类生物的情况。海洋生物多样性涉及从巨大的蓝鲸到很小的单细胞藻类的所有生物。一种描述生物多样性的指标是物种多样性，或者叫一个地区的物种种类。物种多样性有两个方面的定义：一个是现有物种的数量，另一个是每个物种个体的数量。

海洋生物多样性受阳光的限制。因为阳光只能穿透海洋表层水体，大约到表面以下200米的深度，90%左右的海洋生物都生活在这个区域。海洋生物的生存依赖于海中大量的浮游植物及近岸有根植物的光合作用。这些绿色生物是海洋食物网的基础。在浅水区域，光合作用支持了浮游植物，有根植物以及海底包括螃蟹、海蜗牛及海星等动物。热带地区的珊瑚礁是世界上生物多样化程度最高的生态系统，其他多样化程度较高的热带生态系统还有红树林湿地和水下海草床。在温带区域，潮间带有较多含盐沼泽，而海中有茂盛的海草和海藻床。由于低温和缺乏光照，极地的生物多样性水平较低，但也有一些大型动物，例如鲸、海豹、海象和北极熊。生物多样性程度最低的地区是开放大洋，那里营养非常匮乏。

海洋中多样的生物为人类提供食物、药品和氧气，它们可以降解污染物，循环营养物质。生物多样性下降会减弱生态系统的功能。对于海洋生态系统来说，最大的威胁就是生物多样性下降。

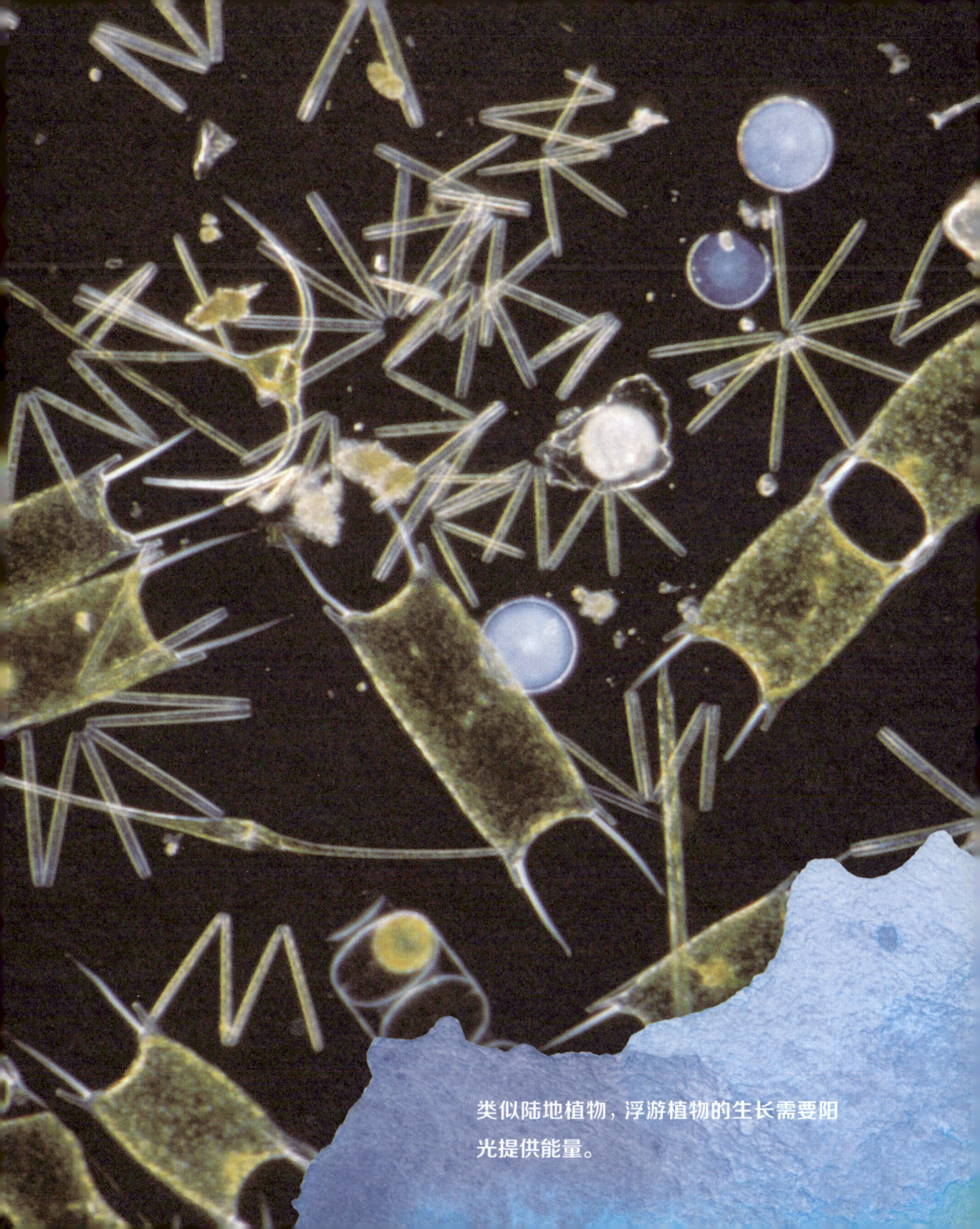

类似陆地植物,浮游植物的生长需要阳光提供能量。

捕虾拖网会捕到很多鱼及其他海洋动物。

第四章

副渔获物与生物多样性

鲸、海豚及海豹等海洋哺乳动物经常被渔网或拖网缠绕。它们对声音非常敏感，美国国家海洋大气局的研究人员决定用声波发生器或海底声音发生装置提醒海洋哺乳动物渔网的存在。声波发生器调到一个特殊的声音强度，并附着在捕鱼装置（主要是刺网）上。研究人员希望海洋哺乳动物能听到声音，从而避开渔网。

美国国家海洋大气局的研究人员研究了加州刺渔网在1999年到2009年这10年间声音发生器取得的效果。他们统计了在1990年未安装声音发生器时的副渔获物——声音发生器于1996年安装到刺渔网上。研究人员发现这一行为减少了50%的鲸类被渔网缠绕的情况，被拯救的动物中，大部分是海豚。渔网上安装声音发生器的数量取决于渔网的大小及动物游泳的速度。目前，200米长的渔网上会安装3到4个声音发生器。这对于正常游速的座头鲸和海豚很有帮助，但是却不能

科学家认为声音发生器可以帮助海豚发现渔网,进而避免游向渔网。

提醒到游速非常快或者直接朝渔网游的海豚。研究中声音发生器很少失灵,但是,若渔网上有超过一个声音发生器失灵,海豚被缠绕的数量会增加到10倍以上。同时,声音发生器驱赶了大部分海豚,却吸引来了加州海狮。安装声音发生器后,被捕获的海狮数量几乎翻了一番。研究人员把这个叫作"晚餐铃"效应——动物们知道渔网中有食物。美国大西洋西北部、加州以及欧洲的一些渔船被要求安装声音发生器。研究人员希望通过调整发生器的频率,从而避开海狮,克服"晚餐铃"效应。

什么是副渔获物？

副渔获物包括非捕获目标的鱼类、海龟、海鸟以及海豹、海狮、鲸和海豚等海洋哺乳动物。这些动物被长长的渔线及渔网缠绕。海龟、海鸟及哺乳动物都需要在空气中呼吸，当它们被渔网缠住拉向水底时就会被淹死。渔民的目标通常是捕获某一个特殊种类，比如金枪鱼或虾。但是，目标种类并不是单独生活，它们是生态系统的一部分。渔民几乎不可能只捕获目标物种，捕鱼装置会困住附近所有的动物。在墨西哥湾，渔民们用船拉着拖网捕虾。每捕获 0.5 千克的虾，都会伴随大约 2.7 千克的其他副渔获物。

副渔获物威胁着海洋生物及生态系统的安全。2014 年，全世界至少有 660 万吨的海洋生物成为副渔获物，有些海洋生物因此而濒临灭绝。比如，北大西洋的露脊鲸只剩下 400 头，15% 的鲨鱼也因此面临灭绝的威胁。副捕捞还杀死小鱼，它

"看不见的副捕捞"

在白令海，海底生态系统包含丰富的底栖鱼类及贝类。帝王蟹经常在捕获底栖鱼类过程中被捕获。拖网有两个长长的缆绳连接在渔网口，拉着渔网向前，将底栖鱼类赶进渔网，但是，螃蟹很难被驱赶，大部分都被渔网绊住最终死在海底。为了限制这种"看不见的副捕捞"，生物学家建立模型评估螃蟹死亡数量，希望改造拖网以保护螃蟹。改造后的拖网装有滚筒，将扫网架高使其离开海底。这样的拖网仍然能捕获到底栖鱼类，但是对螃蟹的伤害降低了 60%。

> 我关注副渔获物，因为你不可能按一下按钮就产生很多的鱼。我把保护海洋作为工作的一部分，这意味着我们不捕获超过我们需要的鱼，并确保被我们放回水中的鱼是游走的，而不是变成尸体漂走的。
>
> ——维图恩（Steve Witthuhn），船长，纽约

们本可以长大以后繁殖后代以弥补种群数量。

每年有超过30万的海豚、鼠海豚及小鲸因捕鱼死亡。被渔网缠住是大部分动物的死亡原因。成百上千的海鸟、大约20万只赤蠵龟以及5万只棱皮龟每年死于拖网及渔线等。副渔获物的处理对于渔民来说也是昂贵而耗时的。渔网会被破坏，渔民还需要化时间将这些副渔获物与目标鱼类分开，并将其扔回水中。扔回水中后动物的死亡数量不得而知，但是可想而知这个数量会很高。在捕获虾和底栖鱼类时遗弃的副渔获物最多。

更好的技术帮助减少副渔获物

副渔获物问题首次引起关注是因为20世纪60年代有许多海豚在太平洋大围网中死去。这些围网上部有漂浮物，下部有重物，这种网可以捕捞成群的鱼类。在太平洋东部的热带地区，黄鳍金枪鱼通常和海豚一起行动，渔民在海豚周围布下围网，捕捞游在海豚下面的金枪鱼。渔民们试图从渔网上面释放海豚，但是很多海豚还是被网困住而死去。在1960到1970年间，每年平均有大约50万只海豚死亡。1972年《海洋

哺乳动物保护法案》中加入了减少海豚死亡数量的要求。到 1980 年，美国海豚死亡数量降低到每年约 2 万只，这归功于几方面：科学研究，渔船上的观察，捕鱼工具的改进以及更好的捕捞程序。所有信息相结合，促使新的法规建立，以保护海豚。这些保护工作逐渐国际化，美国生产商介绍金枪鱼品牌时宣称他们的产品没有伤害到海豚，或者说是由未在海豚附近设网而捕获的金枪鱼制成。

所有的捕捞工具都是非选择性的，所以会捕获很多非目标动物。研究人员努力研究改进捕捞工具，以使得较少的非目标动物被捕获，或者被捕后可以逃离渔网。世界自然基金会赞助了国际智慧捕鱼竞赛，鼓励工程师开发能减少副捕获物的捕鱼工具。2011 年和 2014 年颁发了 5 万美元的奖金，这使得被捕鱼工具伤害的海鸟和海龟数量大幅度降低。

改进的捕捞工具可以是高科技的，例如海龟驱赶装置使海龟及其他大型动物可以逃离渔网或捕虾拖网；改进的工具也可能是低技术含量的，例如用便宜的彩色纸带将海鸟吓走，以免其被渔网缠住。另外

解救被困鲸

美国国家海洋大气局和其他一些机构运营了一支应急响应队，以解救被渔网困住的鲸。首先，他们在缠绕的渔网上安装卫星信号发射器，这可以让他们能追踪到被困的鲸。然后，他们将漂浮船系在渔网上，使鲸速度降下来，便于解救人员靠近。2013 年，夏威夷岛的应急响应队解救了一头被困的座头鲸。第一天，他们将约 12 米长的渔线割断。几天后，他们通过卫星跟踪定位了座头鲸，移除了剩余 60 米长的渔线，完全解救了这头座头鲸。

出现在金枪鱼罐头包装上海豚安全的标志,告诉人们这些金枪鱼不是通过围网捕捞获得的。

一些改变与捕捞工具无关,例如用卫星定位装置收集海龟迁移的信息,可以告诉研究人员海龟繁殖地的位置,从而预测海龟在哪里可能遇到渔网或捕捞工具等,同时让渔民知道在哪些地区捕捞时必须注意,从而降低海龟数量减少程度。如果一个地区拥有很多高危的副捕获鱼种类,比如濒危动物,那么这个地区很可能会直接被禁止捕捞。

有时候保护工作也会失败

并不是所有的海洋保护工作都是成功的。濒危动物小头鼠海豚是一种仅生活在加利福尼亚湾北部的小型海豚。它们是最小、最罕见的海洋哺乳动物。2016年的一个调查研究显示,小头鼠海豚的数量已经锐减到30只,只有2015年的一半,2014年的三分之一。小头鼠海豚通常会在捕捞石首鱼时被渔网拦截而溺死。石首鱼也因过度捕捞而被墨西哥和美国列为濒危动物。石首鱼的鳔在一些地区被认为是美味佳肴,因而吸引不法分子进行非法交易。

世界自然基金会在2017年预测,若不立即减少副捕捞,到2018年小头鼠海豚将会灭绝。世界自然基金会提出,唯一能保护它的办法大概就是禁止在小头鼠海豚栖息地捕捞。世界自然基金会和墨西哥政府合作推进该禁止案的执行,并和美国

圆形钩拯救生命

长网捕鱼一般使用的钩子都是J形钩,当海龟吞食J形钩时会导致窒息或内部出血。世界自然基金会正在和合作机构一起用圆形钩替换J形钩。东太平洋渔区引进圆形钩后,海龟死亡数量降低了90%。世界自然基金会现在努力扩大该项目的范围,这会影响到巴布亚新几内亚和所罗门群岛附近的渔船。

彩带渔线吓飞海鸟

　　海鸟常被多钩长渔线缠绕。当它们想要吃海中钓钩上的鱼饵时，常常会被渔线缠住而淹死。彩带渔线避免了这一情况的发生。这些颜色鲜亮漂亮的聚酯纤维彩带附着在钩子侧面。它们随水漂动会吓走海鸟。1993年到2001年间，阿拉斯加底栖鱼捕捞区每年大概有16 000只海鸟死去。在2002年引入彩带渔线后，海鸟死亡率下降了70%。

政府合作，减少石首鱼的交易。他们希望和渔业协会合作，寻找石首鱼的经济替代物。即使所有这些都能实现，小头鼠海豚的未来仍然暗淡。世界自然基金会高级政策顾问亨利（Leigh Henry）说："最让人难过的就是，小头鼠海豚快要灭绝了，但地球上很多地区的人还不知道我们曾经拥有过这么美的动物，但是我拒绝放弃希望。我们仍将继续战斗。"

　　亨利"继续战斗"的态度对减少副捕捞物、保护海洋生态非常关键。因为海洋中的生物多样性正在下降，只要捕鱼活动在进行，副渔获物就不可避免。减少副渔获物这一目标涉及非常复杂的因素，所采取的方法也因副渔获物的种类不同而不同。它需要研究和持续的尝试。有些尝试成功了，有些以失败告终。但是每个尝试都会使研究者更加了解海洋动物是如何响应各种保护方法，以及哪种方法更好。与

小头鼠海豚是副捕捞降低种群数量的一个例子。

渔民及政府打交道的海洋保护者对副渔获物的了解越深入，对动物灭绝的原因越清楚，那么渔民和政府可采取的保护行动就越多。

哪里有捕捞，哪里就有副捕捞。

——世界自然基金会关于副捕捞的文章

鳗草床，鱼类重要的栖息地，可以过滤污染的水体，保护海岸免受侵蚀。

第五章

拯救群礁和河口区

海草生长在从热带到两极阳光充沛的浅水区域。它们和海藻不同,后者属于藻类,而海草通常是草本植物。它们有根、茎、叶,也有花和种子。海草可以在水下形成非常高产的草地,支持着海洋的生物多样性。但是,与其他海岸生态系统一样,它们也面临着环境威胁。

美国东海岸最主要的海草是鳗草。鳗草为蓝蟹、扇贝及鱼提供食物及休憩繁衍的地方。在20世纪30年代,东海岸90%的海草生病死去。直到20世纪末,弗吉尼亚南海岸的鳗草数量还未恢复到正常水平。弗吉尼亚海洋科学研究所的奥思博士(Robert Orth)发明了种植鳗草的新方法。1999—2010年,人们坚持尝试他的方法。包括弗吉尼亚海洋科学研究所和美国国家海洋大气局在内的很多海洋保护组织及志愿者,在4个海湾超过125公顷的海面上播种了3780万颗鳗草种子。到

虫类挽救海草

大叶藻属的鳗草是海岸上生机勃勃生态系统的基础。生长缓慢的海草受到了海水富营养化的威胁。过量的营养导致藻类暴发性生长，阻挡了太阳光穿透，抑制了鳗草的生长。一些小型的食草动物，比如甲壳类、蠕虫、海蜗牛等以藻类为食，从而保护鳗草。海洋生物学家达菲（Emmett Duffy）开展了大型的实验，由生物学家在世界上15个不同地点检测食用藻类对鳗草的影响。结果表明，小型动物食用藻类对鳗草的健康生长有非常重要的意义，甚至比一些环境因素（温度、盐度）更重要。而且，食藻的小动物种类越丰富，鳗草生长越健康。

2012年，鳗草扩大到1700公顷。这是世界上最大的海草修复工程，是海洋保护工作的里程碑。

群礁和河口面临的威胁

河口和海湾的盐度较开放大洋低。所有纬度的河口和海湾都适宜生长海草，而热带区域可以生长珊瑚礁。河口和海湾地区受来自陆地和附近人类活动的影响，人类造成的环境威胁可以写一个很长的清单。为了建设海岸而采取的挖掘、填埋等活动完全破坏了海洋栖息地。在一些地区，高达60%的河口区被用于农业，或填海以扩建城市，或清淤以建码头。其他区域也可能被各种物质所污染，石油、工厂泄露的有毒化学品、污水、施肥而导致的过量营养物质、病原体等都会对河口海岸产生剧烈破坏。此外，外来入侵物种也会杀死或竞争过本土物种。

类似于河口地区，珊瑚礁也受到城市生活及农业生产污染、海岸建设及有毒污染物排放的影响。沿岸地区被侵蚀，导致大量沉积物冲刷珊瑚礁，阻碍了珊瑚礁正常接受阳光与氧气。不仅如此，珊瑚礁还会受到其他来自船只、锚及游客的威胁。游客们会在无意中对珊瑚礁、鱼或其他生物造成伤害。有些景点会售卖珊瑚纪念品。珊瑚还会被卖给建筑公司作为制造砖、建筑水泥等的材料。渔民过度捕捞也会对珊瑚礁造成破坏。

珊瑚礁对气候变化极度敏感。海水升温及酸化影响着全世界的珊瑚礁，珊瑚礁及内部藻类的共生关系被破坏。恶化的环境使得藻类无法继续生存，藻类死亡导致珊瑚礁变成白色，这一过程被称为"珊瑚礁白化"。除非水质条件改善藻类再次回归，否则珊瑚礁就会死亡。海水温度升高加速了珊瑚礁的死亡。海水酸化阻碍了珊瑚形成钙质的珊瑚礁结构。

超级吸管拯救珊瑚礁

超级吸管就像它们听上去那样，是一根巨大的清洁吸管。由于近岸海洋养殖，夏威夷瓦胡岛卡内奥赫湾的珊瑚生长被养殖造成的藻类勃发抑制。自然保护组织利用巨大的超级吸管，清理珊瑚礁上厚厚的藻类。到2015年，他们已经清除了成百上千千克的藻类。

拯救海湾及河口区

美国国家河口研究保护系统监测和保护超过 40 万公顷的河口区的健康。美国国家海洋大气局和沿海各州合作收集的数据表明，人类活动严重影响了河口区的健康。有 26 个站位会自动收集水质的信息。这有助于科学家更好地了解河口，检测污染，评估修复的程度。美国国家海洋大气局的数个办公室合作修复美国被破坏的河口。他们每年处理很多石油泄漏事故，尤其是 2010 年著名的墨西哥湾石油泄漏事件。他们努力修复从阿拉斯加到佛罗里达那些被危险废弃物污染的河流及海岸区域。

政府和非政府机构也在保护和修复河口区。10 个保护团体——统称为"修复美国河口"组织——通力合作修复海岸生态系统，他们重新种植修复盐碱沼泽地，修复贝类栖息区并进行

藻类赋予珊瑚礁颜色。没有了藻类,珊瑚礁就会白化。

"牡蛎壳毯"拯救牡蛎湾

佛罗里达卡纳维拉尔角国家海岸的印第安河潟湖里,机动船的开动使得牡蛎无法牢固附着,将牡蛎礁变成了无牡蛎的海岛。为了修复这些牡蛎礁,佛罗里达中央大学的沃尔特(Linda Walter)博士设计了一款"牡蛎壳毯"。这种牡蛎壳毯由成千上万的方形垫子组成,每块垫子上附着了空的牡蛎壳,使其不易被机动船敲掉。当这样的牡蛎壳被置于水中时,小牡蛎就会很快地在牡蛎壳里集聚生长,从而修复牡蛎礁。国家保护机构的伯奇(Anne Birch)将这个想法转变成更大型的项目。她和美国国家海洋大气局等其他保护机构以及成千上万的志愿者一起工作,在2005—2012年间,这种"牡蛎壳毯"修复了印第安河潟湖里的42个牡蛎礁。

其他多种活动。一些机构关注修复特定河口。切萨皮克湾基金关注美国最大的河口切萨皮克湾。切萨皮克湾基金负责清理和修复海湾,资助教育项目,有时还会起诉污染者。华盛顿州生态部门积极保护美国第二大入海口——皮吉特湾。华盛顿州在皮吉特湾长期运行有害污染物清理项目。由于伐木工业产生的有毒污水的排放,三文鱼小溪河口区在50年内损失了几乎所有的三文鱼。在有害污染物清理项目完成之后,该河口区再次出现了三文鱼、贝壳及各种鸟类。

拯救珊瑚礁

世界上被毁坏最严重的珊瑚礁之一在离美国不远的加勒比海岸。由于疾病、气候变化、过度捕捞以及以海藻为食的海胆的死亡,加勒比海岸的珊瑚礁从20世纪80年代开始减少。如今,加勒比海岸大部分的珊瑚礁已经消失了,珊瑚礁修复工作正在进行。许多环保机构及大学研究所合力进行全球珊瑚礁修复项目。该项目从珊瑚虫繁殖开始。珊瑚虫的卵细胞和精子被收集起来,在实验室受精、孵化,等小珊瑚虫长到足以在固体表面附着生长时,再将其移至目标海域。研究者希望通过这个过程养殖不同种类的珊瑚,并使其恢复珊瑚礁。项目成员在加勒比海岸附近做研究及预实验,并希望将这一方法尽快扩展到太平洋地区。他们也培训其他人进行修复工作。

很多其他团队也在修复珊瑚礁。迈阿密大学的利尔曼(Diego Lirman)博士在多米尼加共和国和洪都拉斯修复鹿角珊瑚和麋角珊瑚。这些生长快速的珊瑚一旦形成加勒比海岸珊瑚礁的主体结构,就可以给大部分栖息于珊瑚礁的生物提供生活场所。他们的修复工作覆盖了加勒比海岸大部分水域,珊瑚的高度超过 1 米。而在 2010 年前后,只有 20—31 厘米高度的珊瑚零星存在。利尔曼博士团队从珊瑚母体上移取小部分,将其放在培养区培养,使其附着在金属框架上或者水泥块上。一旦附着,这些小珊瑚就开始生长。最终,再将其送回到自然海域帮助修复珊瑚礁。

史密森学会的诺尔顿博士是珊瑚礁调研项目的领导者之一,该项目试图记录珊瑚礁的生物多样性。诺尔顿非常担忧珊瑚礁。她在批准珊瑚礁修复

河口区与热带雨林和珊瑚礁一起,被认为是世界上最高产的生态系统,甚至比它所连接的海洋和河流的生态系统还要高产。

——哈维(J.Harvey),库恩(D. Coon)和阿布沙尔(J. Abouchar),1998 年新不伦瑞克保护委员会报告

鹿角珊瑚每年能生长 10—20 厘米。

> 人们会问我，将珊瑚礁恢复到原来的样子代价有多高？而我会反问他们，如果我们不做什么，将需要付出什么样的代价？
>
> ——沃恩（David Vaughan）博士，执行总监，莫特海洋实验室

项目的同时，也指出这并不能包治百病。她解释道，只有当造成珊瑚礁消失的问题被解决，修复工作才会有用。但是，很多地区并不是这样。过去，大部分地区珊瑚礁面临的问题是过度捕捞，但现在，这个诱因已经逐渐被气候变化取代。诺尔顿更倾向于应对珊瑚所面临的具体压力，比如过度捕捞和污染。这有助于珊瑚的恢复，使其能够适应气候变化带来的越来越大

的生存压力。海洋保护区有助于保护珊瑚礁。如果珊瑚礁得到了保护,且它们的压力因素得到缓解或消除,珊瑚修复工作就可以帮助其再次生长繁殖。

珊瑚修复的突破性进展

莫特海洋实验室的一组研究人员在沃恩博士的领导下,在佛罗里达州的萨拉索塔地区利用微碎片和融合技术修复珊瑚礁。这个方法加速了一些生长缓慢的珊瑚礁——比如脑珊瑚和卵石珊瑚——的生长。研究人员从受损的珊瑚上收集成千上万的小珊瑚碎片,将它们带回实验室,帮助它们快速安全地生长,直到它们大到足以移植回珊瑚礁上。这些移植的珊瑚已经在新的珊瑚礁上生长了很多年,存活率达到90%。沃恩说:"我可以说,在我的有生之年,我们将使珊瑚礁恢复到我们记忆中的样子。"

延伸阅读

洋流是指海水从一个地方移动到另一个地方。风主要影响了表层洋流，洋流的存在使海水移动数千千米。洋流使热的海水从赤道移动到两极，而冷的海水会从两极移动到赤道。表层洋流发生在海洋表层 400 米深度范围内，大约移动 10% 的表层海水。洋流是由风对水的摩擦力以及地球自转形成的科里奥利力导致。这些力使得海水环形移动，又称环流。洋流还受陆地和海盆形状的影响。北半球环流是顺时针方向，南半球环流是逆时针方向。

深层洋流在水面 400 米以下，移动了海洋中 90% 的海水。运动的驱动力是海水的温度差及盐度差。当温暖的海水从赤道移动到两极时，沿途蒸发散热，海水密度下降，到达两极附近，变成冷水沉到海底。这部分冷水像暗河一样流向赤道，在赤道地区被加热后开始上升。深层洋流使热量在海洋中移动。深层洋流的速度远比表层洋流要慢，1 立方米的海水需要大约 1000 年才能绕地球一圈。而同样水量的表层海水移动速度快多了。冷洋流移动到温暖地区，或者暖洋流移动到寒冷地区，均可以帮助当地免受极端温度的影响。

看似平静的海洋,其实每时每刻都在发生变化。

海洋塑料垃圾会困住海洋动物，最终将其杀死。

第六章

海洋污染

塑料垃圾几乎侵入了海洋的角角落落。有两位企业家认为塑料垃圾其实是尚待开发的资源,让其流入海洋太可惜了。他们决定利用塑料垃圾解决另一个世界难题——贫穷。2013年,卡茨(David Katz)和弗兰克森(Shaun Frankson)成立了一家名为塑料银行的公司。塑料银行公司是基于垃圾循环利用的理念,它给予贫穷地区的人们收集塑料垃圾的动力。企业在当地运行便利店,使用的"货币"就是塑料垃圾或者"社会塑料"。收集塑料垃圾可以赚钱养家,并为孩子交学费。人们可以获得现金报酬或者服务,比如无线网、可持续的做饭能源或为手机充电。这些塑料被做成小球,当成原材料卖到其他公司,用于3D打印或者包装等用途。

塑料银行公司有更大的计划。在2015年,他们在海地建立塑料银行,利用太阳能为回收工作提供能源。到2017年,他们将公司扩张到

包括孟加拉国在内的很多国家可以通过回收塑料垃圾换取钱财或他们所需的服务。

菲律宾，并计划在印度尼西亚和巴西建立分支机构。他们和计算机软件公司一起构建了一种叫作塑料银行应用的新的电子货币交换系统，可在全世界通用。借助这项合作，他们还将建立塑料超级账本的新软件。这可以使人们，尤其是贫穷地区的人们，将塑料垃圾变为流通货币。塑料银行可能成为未来解决海洋污染问题的一个标杆。塑料垃圾不会短时间内用完。很多其他项目也在尝试解决海洋塑料垃圾问题。

海洋污染的问题

80%的海洋污染来自陆地，严重污染着沿岸区域。大多数是非点源污染，或者说是从城市街道、停车场、草坪、化粪池、机动车及农场等来源入海。污染包括油、化肥及污水带来的过量营养以及空气污染沉降到水中，还有一些是农业及建筑工地的表层土壤。点源污染又进一步恶化了该问题。常见的点源污染是来自一些油井或者勘探设施泄漏的大量石油。尽管点源污染发生次数很少，但是带来非常恶劣的影响。所有的海洋污染最终都会破坏海洋生物的栖息地并危害海洋生物。

海洋清理有用吗

海洋保护组织下属的国际海岸清理组织旨在清理海洋。2015年，成百上千的志愿者从世界各地的海滩上收集了上百万千克的垃圾，包括塑料瓶、食物包装袋、塑料包、吸管和搅拌棒、塑料盖子以及最常见的烟头。海滩垃圾只是海洋垃圾污染中很小，但是，很重要的一部分。从海滩收走的垃圾将不再伤害海滩、海洋生物，或者破坏当地经济。

最大的海洋污染源之一是塑料垃圾。每年约 800 万吨塑料垃圾进入海洋，对海洋生物造成巨大伤害。2015 年的一个研究预估，到 2020 年，海洋垃圾的量会增加 10 倍。塑料出现在人们生活的方方面面，从塑料包装、袋子、瓶子到一次性商品。任何进入污水系统的垃圾，最终都将进入海洋。遗弃的渔网及渔线是海洋垃圾的重要组成部分。塑料漂浮在水面，无法被生物降解；风和海浪将其变成小块，从而增加了被海洋生物吞食的可能性。大片的塑料会缠绕住海洋生物，比如鲸、海豚、海豹、海龟以及海鸟。位于太平洋中央的中途岛，距离任何大陆均有 3000 千米；摄影师乔丹（Chris Jordan）在这里拍到了死去的信天翁幼雏。这些幼雏胃里填满了塑料瓶盖、烟头和其他垃圾，信天翁父母误将漂浮的塑料当成了食物喂给幼雏。

塑料随着洋流流动，最终进入各个大洋环流中。垃圾会困在环流的中央，深度不断加深。位于北太平洋的北太平洋垃圾岛是最大的，每个大洋均有至少一个垃圾岛。北大西洋洋流甚至将塑料垃圾带到遥远的

棉布帮助去除石油污染

泄漏石油的清理工作主要包括石油及其中有害物质的收集。棉布可能可以改善此情况。有一种消费者不喜欢的低质量棉布尤其擅长吸收石油。它比高质量的棉布吸收效率高，因为它表面的蜡质可以吸收油而不吸收水。0.5 千克的低质棉布可以吸收约 14 千克的石油。这种棉布还为农民开辟一个新的市场：这些低质棉布无法用在其他方面。

> **海洋中人类文明的痕迹到处可见，尤其是在垃圾环流中。**
>
> ——莫勒（Charles Moore），太平洋垃圾岛发现者

北冰洋。有时，塑料垃圾并不形成明显的垃圾岛，大部分污染物就像汤中的胡椒粒一样，由很多小块或微塑料组成，与渔网、鞋子及泡沫聚苯乙烯杯子等大块垃圾混合在一起。

海洋污染的解决方案

针对各种海洋污染，通常有两个解决方案：一个是在其进入海洋之前阻止，另一个是在它进入海洋之后清除。很多时候，污染清除几乎是不可能的，比如污染会溶解、稀释或者覆盖太大面积。在污染进入海洋之前阻止也有两种途径：在污染进入海洋前收集，或者根本就不产生污染。对于塑料污染来说，科学家和研究人员认为最终的解决方案是转化世界经济模式，使其不依靠一次性塑料。这样，就可以阻止塑料进入环境。一些企业在国家环境保护组织的鼓励下，尝试从有害、一次性塑料产品转变到可生物降解或可再利用的材料上来。

像塑料银行这样的公司，将废弃塑料转化为原材料，一些清洁公司也开始生产环境友好的清洁产品。2011年，清洁公司通过将夏威夷海滩上收集的废物变成新的塑料容器，增加了可回收的海洋塑料垃圾类型，他们希望更多的海洋塑料可以被用作包装。歌手威廉斯（Pharrel Williams）是海洋塑料制衣的忠实拥趸。他联合其他一些人一起建立了

一条服装生产线。仿生纺织公司将废塑料垃圾变成纤维，制成牛仔衣、夹克和套头衫。仅仅三个季度，他们已用掉了大约 200 万个回收到的海洋塑料容器。

斯拉（Boyan Slat）想要清除海洋中的塑料垃圾。2013 年，18 岁的他成立了非营利海洋清理基金会，并设计了海洋清理计划。浮杆、临时性拦截塑料垃圾的漂浮障碍以及垃圾转化平台均可移动到世界上不同的海洋垃圾区。这个垃圾清理网络可停泊在垃圾中心，向四周辐射。一定角度的吊架形成通道，使垃圾在洋流作用下聚集，并移动到转化平台。在平台上，塑料垃圾被与浮游植物分开，过滤后储存待回收。这套系统于 2016 年进行测试，计划于 2020 年最终投入使用。该公司希望这套系统最终能协助清理太平洋大垃圾岛。但是，海洋学家对这个项目还有很多疑虑，他们担心副捕捞会伤害鱼、浮游植物和水母等生物。

> **事实是，仅仅通过防止以一次性塑料为主的人造垃圾进入海洋就可以有效地减少海洋中的塑料垃圾。**
>
> ——莫勒，太平洋垃圾岛的发现者

人们可以减少塑料垃圾及其他污染进入海洋，可以拒绝买塑料瓶装水，联合抵制塑料微珠的使用，支持限塑活动，还可以不买一次性产品，并参加海滩清理工作，而生产商必须做出巨大的改变。生产商必须认真考虑回收利用他们自己的产品，并将可回收的材料用于生产中。他们必须合作并且分享解决方案。管理和收集垃圾以减少其进入海洋非常重

2017年5月，海洋清理项目宣称该系统会在5年内清理掉太平洋垃圾岛中的一半垃圾。

要，最终，社会将进化到不再产生垃圾的状态。所有的垃圾和污染必须回收循环利用。这需要生产商、政府机构和个人的通力合作。

可食用的水球

美国人每年会喝掉5000万瓶水，其中四分之三的塑料瓶会直接扔掉，很多塑料瓶最终会进入海洋。英国伦敦的罗克斯（Skipping Rocks）实验室想要淘汰掉塑料瓶。他们的解决方案是一种用植物和海草做的可食用水球，叫"来喝（Ooha）"。制作"来喝"比制造塑料便宜，而且无味，可在4到6周被生物降解。2017年，公司集中研究该产品对塑料水瓶的取代潜能，期待未来这种天然的物质能够改革整个包装产业。

机动车尾气中的二氧化碳进入大气,加剧了气候变化。

第七章

海洋与气候变化

气候变化对海洋造成了严重的影响,就像污染,这种变化也是源于陆地上人类的活动。导致气候变化的最主要原因是温室气体的排放,包括二氧化碳、甲烷及其他气体。温室气体吸收热量,并将其保存在大气中,这个现象叫温室效应。温室效应可以保持地球温暖,从而支撑生命。直到工业革命时期,温室气体水平仍然是平衡的。然而,自工业革命起人们大量燃烧化石燃料,大量的温室气体被释放进大气中。这开启了失控的温室效应,全球温室气体水平上升。更多的温室气体吸收了更多的热量,导致地球平均温度升高。农用化肥的氮氧化物以及牲畜产生的甲烷等也属于温室气体。可以被树叶光合作用吸收及储存的二氧化碳由于森林锐减而留存在大气中,导致了温室气体含量上升。全球变暖是世界性问题,必须要全球通力合作从源头解决问题。只有减少温室气体排放、减缓气候变化的过程,才能最终减轻气候变化对海洋的压力。

气候如何改变海洋

海洋是地球应对气候变暖的主要屏障。在过去的200多年间,海洋吸收了大量化石燃料燃烧产生的温室气体——三分之一的二氧化碳,及温室气体产生的90%的额外热量。海洋的吸收使得地球的温度控制得较好,这是因为水的比热容较高,高比热容意味着水需要吸收较多的热量才会改变温度。海水温度要比大气温度上升得慢。但是,已检测到较深海域水温也有升高,这是科学家以前从未观测到的。海洋表层温度也达到了自19世纪末有记录以来的最高值。温度升高,水中的溶解氧含量就会降低,海水含氧量自20世纪90年代开始持续降低。科学家认为,由于海洋循环的变化,海水含氧量降低速率较预期更快,较低的含氧量会直接影响海洋生物。

温度升高会导致海冰融化,因此,海平面会升高。1972到2008年,冰山融化和海水热胀分别为海平面上升贡献了52%和38%。同时,冰山融化速度在增加。2003年以来,海平面上升的四分之三原因来自冰山融化。就算2016年温

温度持续升高

地球温度在2014到2016年创下了历史新高。根据戈达德太空研究所监测的每月世界气温,与1951到1980年的平均气温相比,2014到2016年温度分别高了0.88℃、0.98℃和1.24℃。温度升高异常快,因为这一时期厄尔尼诺现象活跃。历史上最热的17年中,有16个年份发生在2000年以后。2014年温度报告后,美国气候科学家警告道,海洋表层及上层水温度升高已不可避免。海洋温度升高和海平面升高会持续几个世纪,因为大气中已储存了足够的热量。

室气体排放降至零,世界平均海平面到2100年仍然会上升0.37到0.8米。这是因为热量已经被储存在大气中。目前,仍不断有温室气体在排放,海平面上升趋势越来越明显。海平面上升会淹没沿海地区。1996到2011年间,纽约到佛罗里达的沿海地区损失了部分陆地,同时洪水暴发也更加频繁。盐碱滩等海洋湿地被快速上升的海平面淹没。上升的海平面还意味着近岸的生态系统会受到影响,比如珊瑚礁和海草床会被迫生存在更深的水域,这意味着它们可以接受到的阳光更少,因此光合作用也会减弱。

最终,海洋中溶解的二氧化碳会导致海水酸度增加。即使很小的酸度增加,也会扰乱珊瑚构建钙质骨架的能力,这会破坏珊瑚礁栖息地,使得珊瑚生物很难找到食物。海洋酸化或者海水酸度升高的过程会影响贝类,因为贝类的壳也是碳酸钙组成的。海洋酸化也可能影响其他海洋生物,比如降低其生长速率,或者影响其呼吸和嗅觉功能等。

拯救奥蒙德海滩

2013年,海岸保护组织与自然保护组织在加利福尼亚州的奥蒙德海岸开启了一项湿地修复计划。通过购买360公顷的海岸,环保组织为砂质海岸、沙丘及湿地生态系统提供了向内陆移动的空间,帮助其应对海平面上升。这个项目为海洋生物、候鸟及生活在海岸附近的鸟类提供了生存空间。项目同时也保护了人类:湿地和沙丘生态系统会在海平面上升及风暴发生时,吸收海水及能量。

《巴黎气候协定》

解决类似于气候变化这种全球问题需要全球合作。《联合国气候变化框架公约》于 2015 年 12 月 12 日颁布了《巴黎气候协定》。这个协议涉及发达国家和发展中国家。共有 196 个国家签署了该协议,除了叙利亚和尼加拉瓜。叙利亚当时正处于战乱,而尼加拉瓜认为该协定并不能保护气候而拒绝签字。《巴黎气候协定》的目标是控制全球升温在 2℃ 之内,争取控制在 1.5℃。要达到这样的目标,需要限制全球总的温室气体排放。各国将会持续关注这一协定的进展,并设置 5 年目标。时任国务卿克里(John Kerry)代表奥巴马政府协助本协定的制订,并于 2016 年 4 月签署该协定。然而,2017 年 6 月 1 日,新一任美国总统特朗普以该协定会阻碍美国经济发展为由,宣称将于 2020 年退出《巴黎气候协定》。其他所有缔约国家,以及美国许多政府官员及企业领袖等均许诺要坚持努力对抗气候变化。

《巴黎气候协定》要求所有缔约国家降低其温室气体排放,但是各国可以采用自己的方法。气候专家提出了两种应对气候变化的机制:气候变化减缓和气候适应。减缓意味着要持续减少温室气体排放,而适应意味着人类及自然生态系统要逐步适应变化的气候。这两个应对机制相辅相成。气候变化程度越低,需要适应的就越少。

《巴黎气候协定》商议期间,环境保护者在法国巴黎埃菲尔铁塔附近集会,表达他们的态度与看法。

海洋应对气候变化的适应和改善

基于现在气候变化的速度,很多海洋生物无法快速适应环境。海水温度和酸度微小的变化都会严重影响生物,尤其是那些无法移动的生物,如珊瑚等。这使得气候变化的减缓工作更加紧迫。为了保护海洋生态系统,人类可以帮助海洋生物适应温度、海平面和酸度的变化。

海洋问题解决中心正在为了使海洋能够承受气候变化的压力而努力。斯坦福大学和蒙特雷湾水族馆合作寻找海平面上升、海洋酸化、生态系统变化、海洋溶解氧降低等问题的解决方案。他们希望通过合作项目增加生态系统及人类对气候变化的适应度。项目关注由气候变化、污染及过度捕捞等复合因素给予海洋生态系统的压力。他们从立法和科学方面研究这些影响,并将研究结果与决策者分享,以帮助他们建立未来决策。

海岸适应项目给海岸规划者们提供信息,指出维护海岸自然状态对生态系统持续的重要性。海草林项目研究改善区域气候的行为对水下海草林的影响。海洋临界点项目带给海洋管理者"临界点"的概念。临界点意味着,温度或酸度等因素的变化存在一个"点",

> **气候变化是人类第一个全球性的试验。**
> ——别洛(David Biello),《科学美国人》杂志能源与环境编辑

一旦超过这个点，就可能引起系统的巨大变化甚至崩塌。这个项目正努力开发出辅助工具，帮助海洋管理者预测气候变化引起的海洋环境的临界点并有助于进一步的海洋环境修复工作。

替代性能源

应对气候变化的主要方法是减少化石燃料的使用，发展基于太阳能、风能和地热能等可再生能源的经济。世界上很多国家已经开始发展可再生能源。许多创新发生在欧盟，因为欧盟的《可再生能源指导》要求所有欧盟国家到 2020 年至少使用 20% 的可再生能源。欧盟内每个国家根据本国地理及文化开发适合本国国情的可再生能源。

瑞典的能源 32% 来自生物质能，另外 32% 来自水电与核电。位于波罗的海沿岸的拉脱维亚利用其海岸线的风能，建造了完整的新能源汽车充电装置网络。芬兰专注于利用木头及谷物等提供的生物质能源，计划到 2020 年前后逐步停止用煤。它的目标是到 2020 年使用 50% 的可再生能源，到 2050 年将完全取代化石燃料。丹麦 42% 的用电来自风能。预计到 2050 年，丹麦将 100% 使用可再生能源，不再使用化石燃料。

替代性能源一般都指替代化石燃料的能源。但是，一个能源研

蒙特雷湾水族馆在海洋环境修复工作之外还努力保护海洋生物,例如南部海獭。

替代性能源与可再生能源

可再生能源由自然过程产生。它可以持续不断地补充,因而永远用不完。可再生能源包括太阳能、风能、潮汐能、地热、水力及各种生物质能源。生物质即木头或草等植物燃烧发电。生物质是可再生的,因为植物可以再生长。但是,类似于燃料化石,生物质也会排放温室气体。替代性能源是个统称,指所有非化石燃料的能源。

究机构的创办者列博瑞奇(Michael Lierbreich)说,这种情况在过去3年已经改变了。太阳能和风能不再是替代性能源,成为了主流能源,而且价格下降很多。

1975到2015年,美国太阳能的使用成本下降为原来的1/150,数量增加了11.5万倍,价格降低仍在继续。2016年4月,太阳能最低价格是每度电3.6美分;到2017年4月,该价格又降了

25 个百分点，变成了每度电 2.7 美分。同年，风能发电也从每度电 5.3 美分降到 4.9 美分。列博瑞奇认为这些低价很快会成为常态。现在美国家庭平均电价是每度电 12 美分。如果他说得没错的话，这将对控制气候变化做出巨大贡献，同时拯救了海洋。

哥斯达黎加使用可再生能源

2015 年，美洲中部国家哥斯达黎加 99% 的电力来自可再生能源。一年中有 285 天完全使用可再生能源。哥斯达黎加大约四分之三的电力来自水电，因为这里有非常多的雨水及河流。其余的电力则由风能、地热、太阳能和生物质能源共同提供。这些数字在 2016 年略降低了些，98.1% 的能源来自可再生能源，其中 250 天完全使用可再生能源。哥斯达黎加仍依赖石油供暖和交通。

达曼纳基（Maria Damanaki）（中）是一位坚定的可持续渔业倡导者。

第八章

未尽工作

达曼纳基是个海洋保护主义者，她在自然保护组织担任全球海洋保护的总经理。在 2016 年的一篇文章中，她指出未来海洋保护工作的三个趋势。

首先需要依赖于科技的发展。海洋太大、太具有挑战性，达曼纳基认为新技术的使用非常关键，尤其是数据采集方面，新技术可以为保护工作做出贡献。

其次，她发现众多利益相关方虽然目的不同，但在保护海洋方面仍有较大的合作潜力。她指出，佛罗里达州迈阿密戴德县地区，上升的海平面与日益频繁的风暴正影响着沿岸的社区，工程师、经济学家及环保者在自然保护组织的领导下，正在这些区域合力保护红树林及

发展海洋伦理学

1949年，利奥波德（Aldo Leopold）发表了一篇题为《陆地伦理学》的论文，呼吁人们要对陆地负起道德责任，并尊重陆地。萨菲娜研究中心的萨菲娜（Carl Safina）认为我们必须要发展出海洋伦理学，并对海洋采取相同的态度。海洋伦理学承认海洋对包括人类在内的所有生物的重要性，它有助于培养对海洋修复工作，如应对过度捕捞及气候变化等挑战的责任感与紧迫感。海洋伦理学要求大家对世界所有大洋都怀有尊重。

珊瑚礁。

最后，由于海洋很大并且不属于某个国家专有，海洋保护也需要全球合作。政府间合作组织和联合国项目都是很好的开始。但是，还需要有更好的法律条款、合约及其他保护措施来确保未来的海洋保护。

通过科技方法

新领域韧性科学正在成为海洋修复工作的重要部分。海洋生态系统受到多种因素的影响，过度捕捞、海洋污染、气候变化等都会对海洋生态系统造成压力。韧性科学的目标是理解生态系统是如何应对、适应并从这些压力中复原的。韧性科学想要了解海洋生物与人类的相互影响，维持海洋生物多样性并监控包括浮游植物生产力在内的海洋过程。科学家们利用这些知识来保护所有的海洋生态系统。韧性科学研究已经在全美的海洋生态系统展开，尤其是在切萨皮克湾。

技术也在辅助海洋保护，并在未来会发挥越来越重要的作用。2014年，几个机构共同开展了全球渔业瞭望项目。该项目利用卫星数据为海洋渔业活动提供全球性的监控数据。根据联合创始人之一的阿莫斯（John Amos）的说法，"渔民们可以向大家展示他们是如何进行可持续性捕鱼，我们也会鼓励城市居民们去看看他们所关心的地方，大家一起合作，重现一个生机勃勃的海洋"。

2012年起，南非科学家们开始利用自动滑翔机研究南大洋的气候变化。南大洋吸收了全球50%的二氧化碳，对环境变化极度敏感，但它也是研究得最少的海洋。南大洋碳及气候观测研究团队采用滑翔机来研究海洋上层水体的物理过程，如海洋涡流及洋流等。他们正在研究这些物理过程是如何影响水气间的二氧化碳交换及浮游植物的生长。将滑翔机和卫星数据相结合，计算机模型会为科学家们更加精确地描绘出海洋未来的变化。

另一个非常有前景的技术是DNA分析。该技术可以用于鉴定鱼翅汤中鲨鱼的品种，或者被杀死的濒危鲸类的种群。这些是可能的，因为一个新的基因库包含了世界上很多物种的DNA短片段。国际生命条码项目（iBOL）目前为止已经分类整理了超过500万个来自52.5万种类的样品。该项目计划收集所有物种的DNA片段信息。将iBOL样品库中的样品与实际采样比对，DNA专家可以溯源海鲜或死的动物。这可以帮助减少非法捕捞及野生动物狩猎，以及饭店里被错

海洋机器人

南非的自动滑翔战队包含 9 个单元。4 个滑翔机观测表层波浪，测量物理参数，比如二氧化碳和酸度，另 5 个滑翔机可以潜入水下 1000 米，在沿途收集数据。滑翔机收集的数据传到卫星上，再传送给位于南非开普敦的科学家。该数据可供全球科学家储存并使用。未来，该研究团队计划升级滑翔机战队，增加新的传感器并加入更多的滑翔机。

误标记的鱼类。

合作拯救海洋

为了保护海洋使其可持续开采，一个全球行动计划正在逐渐形成。它涉及海洋保护机构与政界、渔民及当地社群合作，制订基于经济发展的海洋多样性的保护措施。公私合作包括当地政府或社群聚焦在一个特定问题上，比如周边地区的渔业和食品安全。将这些目标与国家重要问题相关联，使得保护工作更能得到认真对待。保护组织像合作伙伴一样，协助当地政府施行保护工作。私人工作有了政府支持将会提高海洋保护的投入比例，以协助保护达到世界水平。私人公司对于可以用于销售的如鱼类或金属等资源更感兴趣。

海洋基金是一个海洋保护机构，它的宗旨是"支持、加强和促进为减少世界海洋环境破坏而努力的项目"。它和捐款者一起为科研、咨询和保护项目以及有关海洋和海岸的演讲提供资金。自 2003 年成立到 2016 年，该基金为海洋保护项目投入上百万美元，用于栖息地保护、物种保护、海洋研究和保护以及关于海洋的公众教育等。这个基金还在持续增长，将继续为维持世界海洋环境提供有力支持。

全球海洋管理

联合国将在海洋保护中持续发挥重要作用。在 2015 年的一个联合国峰会上，合作国通过了全球一系列共 17 个可持续发展目标。合作国一致同意，认为这些目标在世界目标中享有最高的优先权，各国需要共同努力以促进其在 2030 年前实现。各国同意建立各自的框架以达到这 17 个目标，包括消除贫困以及控制气候变化和环境污染。其中，第 14 个目标是各个国家宣誓要保护和可持续地利用海洋及海洋资源，以保证可持续发展。

> **海鲜调研的未来**
>
> iBOL 的首席科学家赫伯特（Paul Hebert）博士期待在不久的将来，能在现场应用快速检测 DNA 的设备。所有的海洋生物都在海水里遗留下了或多或少的细胞。收集和检测水样中细胞里的 DNA 可以知道当时在水中的海洋生物的种类。科学家可以追踪洄游的鱼类，在海洋保护区鉴定物种，预估某一个物种的数量，甚至可以检测渔网中是否有被禁止捕捞的鱼类。这项发展中的技术可以简化并加速很多对海洋保护非常重要的方法。

2017 年 6 月 5 日到 9 日，在美国纽约召开的联合国海洋大会是第一个专注于海洋的联合国大会。与会者分享研究信息，提出保护海洋未来的管理措施。他们讨论了解决海洋问题的方法，加强各种合作。会议最主要的成果是提出了一项行动倡议，确认了参与者实现第 14 个可持续发展目标的决心。斯托尼布鲁克大学海洋保护科学研究所的教授兼主任皮克特（Ellen Pikitch）博士认为，联合国海洋大会做出的非常重要的一点改变是，将关注点从描述问题转向采取行动。

我们必须要做的是，推动关于海洋态度的转变。我们是这个世界的一部分，并不能独善其身。

——厄尔（Sylvia Earle）博士，海洋生物学家

在联合国海洋大会上，政府、非营利机构、基金会、企业及个人自愿签署了1393项承诺以保护海洋，其中28%的承诺是为了实现第14个可持续目标。该目标是：利用科学家的海洋知识，到2020年保护海洋10%的区域。

保护海洋可以通过建立海洋保护区来实现。海洋保护区是经认可的一片海域及附近陆地；通过可持续管理，使得旅游、发展、渔业和其他活动可持续进行。海景保护区的范围更大一些，它是一个多功能的区域，由政府、企业、社群和其他股东共同管理。海洋和海景保护区的管理是为了海洋生态和人类的共同利益。在联合国会议上关于海洋保护区的高承诺比例，表明与会者认识到了建立保护区对海洋保护的重要性的认可。

南太平洋上的微型岛国帕劳给我们展示了海洋保护区的成功。2015年，帕劳确立了一个比加州还大的海洋保护区，该区域禁止捕鱼或采矿。建立海洋保护区对于帕劳的生存至关重要。这个孤立的小岛国依赖渔业的健康发展。它和其他岛屿一样，面临着气候变化引起的海平面上升及其他影响。仅两年时间，研究人员发现该保护区的鱼类生物

位于加利福尼亚州的海峡群岛国家公园有 13 个海洋保护区。

> **最终，我们只能保护我们所爱的；我们只能爱我们所能了解的；我们只能了解我们所被教育的。**
> ——迪乌姆（Baba Dioum），塞内加尔林业工程师和环保者

量增加了一倍，是未保护区域的5倍。这些数据表明保护区成为了一个健康、繁荣的生态系统。并且，鱼类繁殖的增加效应还会扩展到非保护区，更进一步改善该地区的渔业。据当地一个国家地理杂志的研究人员萨拉（Enric Sala）说，她在研究帕劳的成功时发现，海洋保护区的成功离不开当地政府政策的支持及当地居民强烈的保护意识。

意大利政府和海洋避难者联盟于2015年10月发起10×20倡议，呼吁各成员国到2020年保护海洋的10%，以实现可持续海洋的目标。到2016年11月，一些国家（包括澳大利亚、智利、基里巴斯、摩纳哥、帕劳、英国和美国）已经达到了10%的目标，其他国家也接近了这个目标。然而，美国在奥巴马政府治理下收获的海洋保护成果也许会在特朗普政府期间被破坏。2017年4月，特朗普要求整理一份自1996年起大国纪念性事件。他说，陆地及海洋保护区影响了就业率和经济发展，他希望开放这些保护区的石油及天然气开发。一些商业渔民也在施加压力，要求重新开放渔场。这个政策将威胁到5个海洋保护区，包括位于夏威夷的世界上最大的海洋保护区。政策上的变化表明，无论海洋保护工作多么努力，它都永远没有被完成。

> **海洋保护区是我们对抗海洋众多威胁的强有力武器。**
> ——皮克特博士，斯托尼布鲁克大学海洋保护科学研究所

海洋覆盖了地球约 71% 的表面积，因此，海洋问题是全球性的，会影响每一个人。尽管海洋还在持续受到各种威胁，希望仍然存在。世界各地个人、组织及政府都在关注海洋，努力寻找解决方案。支持海洋保护区的声音越来越大。海洋保护组织在努力补充渔场，减少副捕捞，保护珊瑚礁，清理海洋塑料垃圾，减缓海岸污染，关注气候变化。各个领域的项目都在增加。当人们不再把海洋当成垃圾场或待开发的资源，而是把海洋当成地球生命系统的重要支持时，这些努力就更可能成功。

美国海洋保护区

2015 年，美国有超过 1700 个海洋保护区，覆盖了 41% 的海域。这些区域有不同的用途，并不是同等进行保护。设立海洋保护区主要目的是保护海洋生物多样性和生态系统，而文化资源保护仅占 8%。大部分海洋保护区在西海岸，但最大的区域在太平洋群岛。这包括夏威夷帕帕哈瑙莫夸基亚海洋保护区，这是世界上最大的一个海洋保护区。其他保护区在墨西哥湾和东海岸。但是，2017 年 4 月，特朗普政府计划取消 5 个海洋保护区，覆盖面积达 8000 万公顷。这些保护区开放后，会进行包括石油和天然气在内的开采。

因果关系

过度捕捞、非法捕捞、栖息地破坏以及污染导致捕鱼量减少

限制污染

关闭渔场或限制捕捞量

副捕捞问题

保护栖息地或建立海洋保护区和海景区

改善捕捞技术

通过限制副捕捞的法律

污染威胁海洋生态

产生和排放较少塑料

清理海洋及沿岸污染

阻止毒物排放

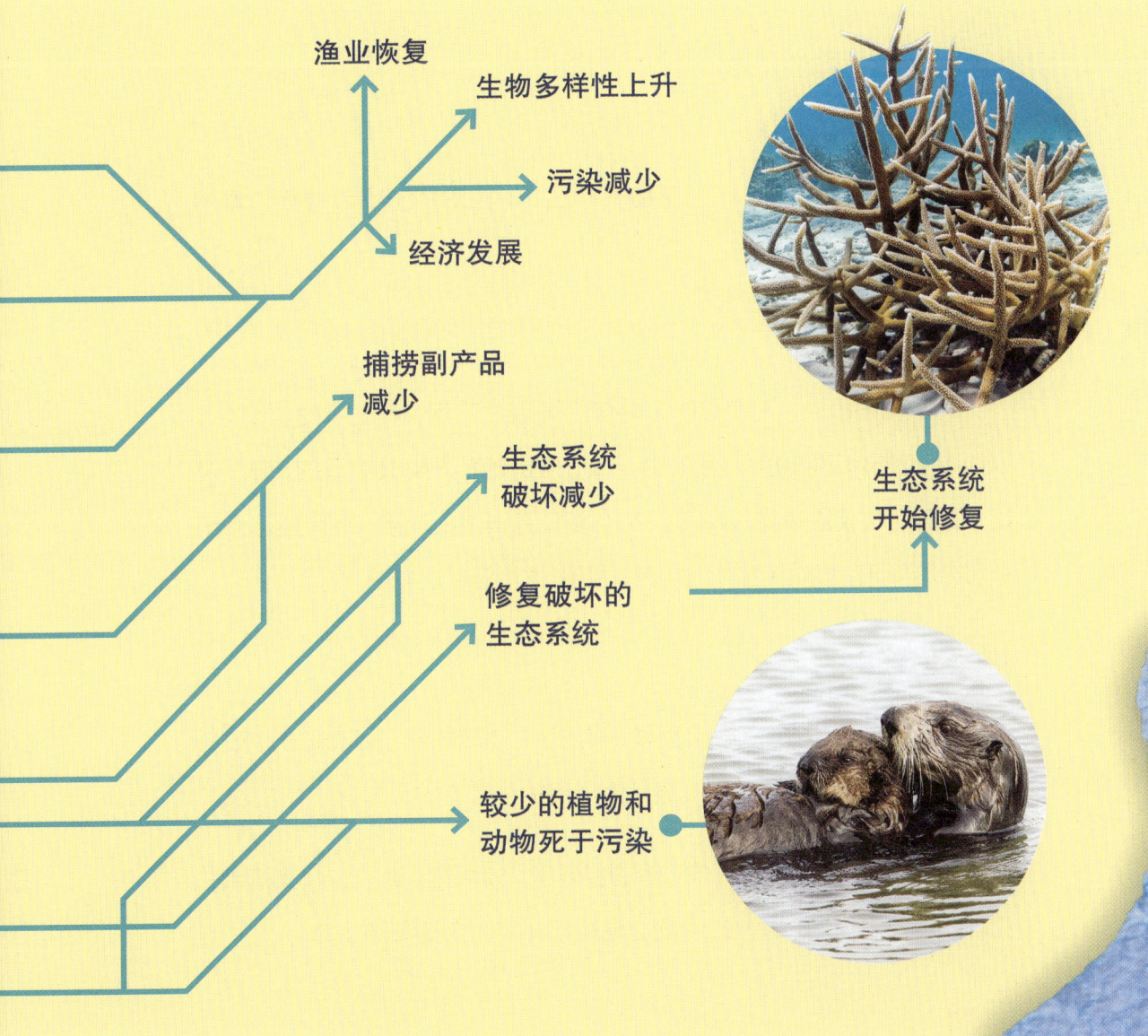

基本事实

正在发生的事

海洋生态系统正在丧失生物多样性，各种生物的栖息地被过度捕捞、污染和气候变化破坏。

原因

几个世纪以来，人们都认为海洋资源取之不尽，用之不竭，海洋可以吸收和稀释任何种类和数量的污染，但是随着人类数量增加，开发加速，更多的垃圾被倾倒入海洋。20世纪，海洋渔业崩溃，海岸生态系统被污染或毁灭，塑料污染增加，气候变化成为全球性威胁。

核心角色

- 海洋保护工作主要由大学研究机构、非政府组织以及一些政府机构，比如美国国家海洋大气局和海洋保护办公室。

- 成千上万致力于海洋问题的科学家，如莫勒、斯拉、卡茨和弗兰克森团队，自然保护组织的达曼纳基等都在努力恢复海洋生态。

修复措施

　　法律层面、政府层面、社会以及科学和技术各个层面的努力。大规模的工作一般涉及法律或政府间协议。最主要的保护工作之一是建立了海洋保护区或海景保护区。科学家更加了解海洋，并且收集诸如鱼群数量及塑料污染的数据。这些数据被用于促进法律法规的执行，建立保护及修复的方案。政府、大学、私人组织以及志愿者共同努力清理海洋及修复海洋生态系统。

对未来的意义

　　未来海洋保护的趋势是目前的延续：更多的先进科学技术、更多的政府间和非政府群体间的合作，更多的国际层面的管理，包括建立海洋保护区。最长效的保护措施应该是阻止污染及气候变化。

引述

　　我认为海洋生态保护学家就像是海洋的医生。医生并不是专写讣告的。他们在医学杂志上发表进展和成功的报道。

——诺尔顿博士，史密森学会

专业术语

水产养殖
人类为了经济或其他目的从事水生动植物培育和繁殖的生产活动。

抵制
拒绝合作，通常为了表达不同意，或者迫使对方接受一定的条件。

副渔获物
与主要捕捞对象一起捕获的其他种类渔获物。

企业主
管理或运行企业的人。

河口
河流与海洋交汇、河水与海水混合的区域。

渔业
从事鱼类及其他捕捞、养殖或加工生产的领域。

刺网
一个垂直悬在水中的网。当鱼游过时，鱼头可以通过，但是如果鱼试图挣脱时，渔网上的刺会卡住鱼。

长绳渔具
一种深海捕鱼的工具，可能有数千米长，在垂直面上有较短的线，附着鱼钩。有的鱼钩固定着，有的任其漂浮。

在竞争中胜出
一种生物在争夺资源的竞争中打败了另一种生物。

浮游植物

漂浮在水中的微小藻类。处在海洋食物链的最底端。

韧性

生态系统受到外部干扰后恢复到原状的能力。

可持续

在生态学中，一个种群可持续，意味着它在暴露的环境中可以维持一定的数量。比如，一个可持续的渔场可以在合理的捕捞速度下一直进行捕捞而不会出现鱼类资源枯竭的情况。

世界海洋

整个海洋覆盖了地球大约71%的表面，包括五大洋：大西洋、太平洋、印度洋、北冰洋和南大洋。

Bringing Back Our Oceans
By
CAROL HAND
Copyright © 2018 by Abdo Consulting Group
No part of this book may be reproduced in any form without written permission from the publisher.
Chinese Simplified Character Copyright © 2020 by
Shanghai Scientific & Technological Education Publishing House
Published by agreement with CA-LINK international LLC
ALL RIGHTS RESERVED
上海科技教育出版社业经CA-LINK international LLC 协助取得本书中文简体字版版权

责任编辑　程　着　侯慧菊
封面设计　杨　静

"修复我们的地球"丛书
走进海洋
［美］卡萝尔·汉德（CAROL HAND）著
郭美婷　译

出版发行	上海科技教育出版社有限公司（上海市柳州路218号 邮政编码200235）
网　址	www.ewen.co　www.sste.com
经　销	各地新华书店经销
印　刷	常熟市文化印刷有限公司
开　本	787×1092　1/16
印　张	6.5
版　次	2020年4月第1版
印　次	2020年4月第1次印刷
书　号	ISBN 978-7-5428-7171-8/N·1076
图　字	09-2019-009号
定　价	45.00元